购买普洱茶防忽悠手册

PUER TEA FRAUD PREVENTION MANUAL

周云川　主编

云南出版集团

YNKJ 云南科技出版社

· 昆 明 ·

图书在版编目（CIP）数据

购买普洱茶防忽悠手册 / 周云川主编 . –– 昆明：
云南科技出版社 , 2018.11
ISBN 978–7–5587–1919–6

Ⅰ . ①购… Ⅱ . ①周… Ⅲ . ①普洱茶－基本知识
Ⅳ . ① TS272.5

中国版本图书馆 CIP 数据核字 (2018) 第 282771 号

购买普洱茶防忽悠手册
周云川　主编

责任编辑：吴　涯　杨志芳
整体设计：杨　柳　黄　锋　侯玉茹
责任校对：张舒园
责任印制：蒋丽芬

书　　号：ISBN 978–7–5587–1919–6
印　　刷：昆明美林彩印包装有限公司
开　　本：889mm×1194mm　1/32
印　　张：5.875
字　　数：60 千字
版　　次：2019 年 1 月第 1 版　2019 年 1 月第 1 次印刷
印　　数：1~11000 册
定　　价：36.80 元

出版发行：云南出版集团公司　云南科技出版社
地　　址：昆明市环城西路 609 号
网　　址：http://www.ynkjph.com/
电　　话：0871-64190889

购买普洱茶
防忽悠手册

一茶社

creator
创造更多可能

策　　划：李亚全　娄自田

主　　编：周云川

副 主 编：杨　柳

执行主编：李　明

文　　字：李　明　刘小勇　李　冉　罗　奈

装帧设计：杨　柳　黄　锋　侯玉茹

责任校对：李　明　李　冉　罗　奈

主管单位：昆明一茶文化传播有限公司

联系地址：昆明市日新中路77号七子大院（近滇池路、省委大院）

扫码关注一茶，
获取更多茶叶资讯。

目录

目录

基础篇

在《地理标志产品普洱茶国家标准（GB/T 22111—2008）》中，普洱茶是指以地理标志保护范围内的云南大叶种晒青茶为原料，并在地理标志保护范围内采用特定的加工工艺制成，具有独特品质特征的茶叶。按其加工工艺及品质特征，普洱茶分为普洱茶（生茶、熟茶）紧压茶和普洱茶（熟茶）散茶。

都说"一入普洱深似海"，除了清楚普洱茶的定义以外，关于"普洱茶如何分级""什么是唛号"您知道多少？还有黄片、藤条茶、老茶头都是什么茶？它们是否属于普洱茶，这些问题的答案都将在"基础篇"一一揭晓。

·陷阱·

把晒青毛茶当普洱茶。

基础篇

真相

晒青毛茶不是普洱茶，而是普洱茶的原料。

基
础
篇

知识链接
Knowledge Links

　　在《地理标志产品普洱茶国家标准（GB/T 22111—2008）》中，**普洱茶**是指以**地理标志**保护范围内的**云南大叶种**晒青茶为原料，并在地理标志保护范围内采用**特定的加工工艺**制成，具有独特品质特征的茶叶。按其加工工艺及品质特征，普洱茶分为普洱茶（生茶、熟茶）紧压茶和普洱茶（熟茶）散茶。

基础篇

忽悠指数：★★★★

基础篇

∘ 陷阱 ∘

1. 普洱茶可以无限期存储;

2. 普洱茶可以升值;

3. 普洱一出，谁与争锋。

基础篇

普洱茶

真相

1. 符合条件的普洱茶适宜存储，但不是无限期存储;

2. 不是所有的普洱茶都能升值;

3. 评价体系不同，各个茶类的价值会不一样。

基础篇

越陈越浓越香!

知识链接
Knowledge Links

普洱茶的核心价值是越陈越浓越香。

普洱茶，在存储期方面标注的是在适宜的条件下，可以长期储存。毫无疑问，普洱茶的核心价值是越陈越浓越香。关于这样的说法，在正史资料里是可以查到的，1965年出版的《云南文史资料选辑》第九辑，其中收录了署名马桢祥的文章，记录了以下内容：

我们对茶叶出口一事，在抗战时期是很重视的，它给我们带来的利润不少。易武、江城所产七子饼茶，每筒制好后约重四斤半。这种茶较好的牌子有宋元、宋聘、乾利贞等，稍次的有同庆、同兴等。在江城所加工的茶牌子较多，但质量较低，俗语叫"洗马脊背茶"，不像易武茶之质细味香。这些茶大多数行销中国香港、越南，有一部分由中国香港转运到新加坡、马来西亚、菲律宾等地，主要供华侨食用。也有部分茶叶行销国内，主要是新春茶。而行销港、越的多是陈茶，就是制好后存放几年的茶，存放的时间越长，味道也就越浓越香，有的茶甚至存放二三十年之久。陈茶最能解渴且能发散。中国香港、越南、马来西亚一带气候炎热，华侨工人下班后，常到茶楼喝一两杯茶，吃点点心，这种茶只要喝一两杯就能解渴。

这是目前我们能查到的最早记载普洱茶越陈越浓越香的资料。从中我们可以很清晰地看出，抗战时期前推二三十年，也就是20世纪10年代和20年代，距今大约100年左右，人们就已经认识到了普洱茶越陈越浓越香的特点，并加以合理的利用，以获取更高的经济利益。

忽悠指数：★★★

基础篇

∘陷阱∘

1. 等级高的茶就是好茶；

2. 不同等级的茶拼配在一起就是好品质的茶；

3. 将等外品"炒"成高价商品；

4. 最高的熟茶等级是"宫廷级"。

基
础
篇

真相

1. 等级只是划分茶青嫩度的一个方法；

2. 不同等级的茶拼配既能控制成本，又能改善缺陷，丰富茶品风味；

3. "老茶头""茶化石""黄片"等都是商业概念，不符合标准；

4. 国家标准中没有"宫廷级"原料的说法；

5. 无论生茶、熟茶，最好的原料等级就是特级。

基础篇

国家标准中没有
"宫廷级"原料的说法

熟茶的等级是按单数来分，一般
分为一、三、五、七、九级原料

知识 链接
Knowledge Links

　　原料的等级也是谈论普洱茶原料时避不开的话题。根据《地理标志产品普洱茶国家标准（GB/T 22111—2008）》6.6.1.2感官品质规定，晒青茶的等级分为：特级、二级、四级、六级、八级、十级；普洱茶（熟茶）散茶的等级分为：特级、一级、三级、五级、七级、九级。不同等级的原料对应不同的要求，而这些要求又包含了**外形**（条索、色泽、整碎、净度）和**内质**（香气、滋味、汤色、叶底）。

"唛号"源自英语（mark），原意是指"商标""牌子"。在茶叶贸易中特指用数字或数字辅以文字表示的茶叶名称，也称为"茶叶编码"。唛号的规律，一般是茶品创始年份+所用原料等级+出产茶厂代号（如昆明茶厂1，勐海茶厂2，下关茶厂3，普洱茶厂4）。唛号是特定时期的产物，现在新制的茶已经很少使用唛号，也有一些企业沿用同样的思路，重新编码，用以标识生产的产品，但已经不是传统的"唛号"了。

示例：7581

茶品创始年份：1975年

所用原料等级：8级茶青

出厂茶厂代号：1（昆明茶厂）

忽悠指数：★★★

◦陷阱◦

1. 黄片耐泡；

2. 黄片比其他茶更甜；

3. 黄片的品饮价值更高。

基础篇

真相

1. 黄片通常指茶树上的老叶子；

2. 单一强调耐泡度，与品质无必然联系；

3. 黄片的内含物质要比嫩叶的低很多，溶出物也相对更少；

4. 黄片的品饮价值不能一概而论；

5. 利用人们对流行语、常用语不设防的心理。

基
础
篇

知识链接
Knowledge Links

　　"黄片"为茶界常用交流名词，其形成与鲜叶采摘中混入粗老叶片有关，这些叶片在加工中揉捻不成条、条索比较疏松，杀青时叶片会发黄，故名黄片。普洱茶在对晒青毛茶原料进行甄别使用时，黄片通常会被挑选出来。由于一些人的特殊爱好，黄片也被制成砖、饼等形态出售，需要明确的是：黄片是一种特殊的兴趣爱好引起的消费潮流，与品饮价值无必然联系，是否为好茶也就无从说起。

基础篇

忽悠指数：★★★

基础篇

◦陷阱◦

藤条茶是新树种。

基
础
篇

真相

藤条茶是一种茶树采养方法。

基础篇

知识链接
Knowledge Links

藤条茶是一种采养方式,在陈宗懋《中国茶叶大辞典》里介绍了此种采养方式叫"留顶养标",即:除枝条顶端新梢外,其他侧枝所有芽和新叶全部采净的手工采茶方式。能促进茶树长高,但分枝极少,每批大部分新梢接近成熟时开采,采摘批次少,采下的新梢较为肥壮。之所以被定名为"藤条茶",是因为茶树定植后,人们采用特定的种植管护与采摘模式,经过长期干预而形成的藤条状茶树。

忽悠指数：★★★★★

基础篇

251

◦陷阱◦

1. 老茶头含有大量果胶等物质，营养较一般茶叶丰富；

2. 老茶头珍贵、价值高；

3. 老茶头和老茶无异。

真相

1. 老茶头是一个商业概念，通常指熟茶发酵过程中产生的"疙瘩"；

2. 老茶头是等外品；

3. 老茶头与老茶无必然联系。

基础篇

知识链接
Knowledge Links

普洱茶作为一种饮品，讲究的是品饮价值。如果是精选优质原料，严格按照正确工艺制作并存储得当的普洱茶，经过数年时间自然陈化后，不仅能够实现越陈越浓越香的核心价值，品饮价值也将有质的提升。

老茶头只是熟茶渥堆发酵过程中的副产品，熟茶渥堆发酵完成后，会有一个解块干燥的过程，那些可以自然解散的原料，在干燥后可以制作成熟茶散茶，或者压制成熟茶饼茶。而有一部分结块的、无法自然解散的茶团，生产环节一般叫"疙瘩茶"，老茶头是商业概念，跟老茶没有一毛钱关系。需要明确的是，老茶头只能说是一种特殊的兴趣爱好引起的消费潮流，与品饮价值靠不上边，是否为好茶也就无从说起。

∘陷阱∘

1. 名气大的就是好普洱;

2. 年份久的就是好普洱茶;

3. 用大树、古树原料做的就是好普洱茶。

1. 每一个优良茶树品种，都有适宜生长的特定地域，只讲地域，不分品种，并不能完全保证普洱茶的品质；

2. 因为种种原因，有些普洱茶，不是越陈越浓越香，而是越陈越淡越薄。如果做过前发酵，年份越久，品饮价值越低；

3. 茶品的品质高低与茶树的生长周期有着密不可分的关系，茶树的生长周期分幼苗期、成长期、成熟期和衰退期，而只有成熟期的鲜叶适制普洱茶；

4. 包装印有大树和古树，不一定是用这些料做的。

基础篇

知识 链接
Knowledge Links

基
础
篇

当评价一款普洱茶品质的高低时，原料、工艺、仓储，每一个环节都不应忽视。大原则上，只有符合原料优质（地域+品种）、工艺正确（杜绝前发酵等）、仓储得当（避光、避风、避尘，温、湿度适宜等），环环相扣，由此制成的普洱茶，才是真正优质的普洱茶。

从审评的角度来说，应尽量客观公正地评判一款茶叶的优劣。"363普洱茶审评法"是一款针对普洱茶（生茶/熟茶）的审评法，由"外观、汤色、香气、滋味、口感、耐泡度、叶底"七个分项因子组成，通过对不同分项的感官审评，综合得到一款茶叶的评断结果，由此判断这款茶算不算一款"好普洱茶"。

观念篇

>>>

　　好茶是有标准的,优质原料+正确工艺+科学仓储=优质普洱茶。普洱茶的核心是越陈越浓越香。本篇探讨了古树茶、"大师茶"、老茶、春茶、野生茶、山头茶与好茶在认知上的关系,传播关于普洱茶的正确观念。

观念篇

·陷阱·

1. 通过讲故事来谈树龄；

2. 可能花了买古树茶的钱，买了饼台地茶；

3. 古树茶就是好茶；

4. 古树茶内含物质丰富；

5. 树龄越大，茶越好喝。

观念篇

真相

1. 检测茶树的树龄，目前并无权威有效的方法；

2. 台地茶冒充古树茶是常有的事；

3. 好茶是有标准的，树龄与品质无必然联系；

4. 如果茶树处于衰退期，反而会影响茶叶品质；

5. 普洱茶的核心价值是越陈越浓越香，不是所有的茶都如此。

观念篇

知识链接
Knowledge Links

　　归根结底，好品质的普洱茶，离不开优质原料和正确成熟的工艺，如果后期存储时确保仓储环境适宜陈化，那么普洱新茶经过存储转化后，品饮价值才能逐步得到提升，"越陈越浓越香"才有实现的基础和依据。

　　500年古树、800年古树、千年古树、单株、古树单株、纯料、年份、体感等都不是评价普洱茶品质的标准，只有在科学检测的基础上，通过感官审评，对普洱茶的原料、工艺和存储做出客观评价，符合标准的普洱茶，才算是好普洱茶。

○陷阱○

1. 大师做的茶就是好茶；

2. 大师做的茶一般人买不到；

3. 限量版；

4. 纯手工。

观
念
篇

1. 大师茶不一定等于好茶，喝茶喝的是一款茶的香气、滋味、口感，而非出自于某某大师之手；

2. "大师"不等于炒茶高手，"大师"多是炒作概念；

3. 优质原料+正确工艺+科学仓储=优质普洱茶。

观念篇

大师茶就是好茶吗？这个问题的核心在于如何客观地评价普洱茶。

感官审评，是对各类茶品进行评价时比较常见的方式。引申到普洱茶，我们也可以充分调动视觉、嗅觉、味觉和触觉，对茶品的品质作出一个相对客观的评价。

从拆开茶饼（砖或沱）开始，对普洱茶的打分也就随之开始了。在撬茶之前，在视觉的范畴，可以先观察茶饼的外观，是否干净匀整，紧压是否适度，饼面油润度等；正式开始冲泡后，前三泡就是对普洱茶综合品质进行评价的关键。以熟茶为例，视觉项包括观察汤色（红浓明亮为优）、叶底含芽率（确定活性高低）；嗅觉项包括陈香气息是否显著、渥堆味轻重、是否有异杂气息等；味觉项包括是否有异杂味、回甘、茶汤浓强度等；触觉项包括茶汤黏稠度、顺滑度、融合度，生津、涩感、锁喉感、刺舌感等。

所以，品饮普洱茶的过程即是评价的过程，外观、香气、滋味、口感，每一项都是可以对应到具体的标准之上的。而其他主观性描述，因个体感受千差万别，适当参考即可。

观念篇

∘陷阱∘

1. 老茶就是好茶；

2. 茶存够一定时间就有价值；

3. 老茶都是一个味儿。

观念篇

1. 好茶是有标准的，老茶不一定就是好茶；

2. 一款茶是否优质，应充分考虑地域、品种、工艺、仓储等
   综合因素；

3. 时间只是影响普洱茶价值的因素之一。

观念篇

老茶不一定是好茶

知识链接
Knowledge Links

普洱茶越老越值钱的前提是其具有越陈越浓越香的核心价值，如果普洱茶能够往预想中的结果不断变化，在存储的过程中，除了茶品"年龄"的不断增加，在品饮时，茶更香茶汤更浓，这才符合逻辑，同时，也是普洱茶更值钱的主要原因；否则，存储年份再长，香气、滋味和口感都没有相应变化，那么这样的老茶意义何在呢？

普洱茶越陈越浓越香的条件，除了与时间因素有关，原料品质、制作工艺和后期的仓储环境等都会影响到最终的存储结果。所以，并非所有的老茶都是好茶。普洱新茶经过存储后会越变越好，但前提是新茶时期就是优质好茶，并且仓储得当，才能变成好的老茶。

·陷阱·

1. 春茶就是好茶；

2. 亲自收的茶就是好茶。

观念篇

1. 春茶未必就等同于好茶；

2. 好茶有自己的标准，要充分考虑地域、品种、工艺、仓储等综合因素；

3. 亲自收茶大多是讲故事的套路。

观
念
篇

知识链接
Knowledge Links

　　春茶，一般指由越冬后茶树第一次萌发的芽叶采制的茶叶。大概因为"春雨贵如油"，所以喝茶的不喝茶的人都形成"春茶比较好"的印象。

　　相比夏茶和秋茶，春茶为什么品质更佳？经过冬天的休养与沉淀，内含物质更丰富。气温低更有利于营养物质的合成与累积。病虫害较少无需喷施农药，无农药污染。茶汤水路较细腻。香气、滋味表现更好。但是，春茶聊起来简单，实际做起来可没这么容易。旅程艰辛+实地探访+茶山实景+逼格视频≠好茶。

　　这只能说明去过茶山，亲力亲为的态度值得肯定，但是否所有用料均选用正春原料，制茶工艺是否严谨正确则有待考量。在选购春茶时，对眼看、手摸、鼻嗅、品饮等每一环节都要有清晰的判断和认识。所以，并不是所有的春茶都是好茶，春茶只是好茶的一个条件，真正优质的普洱茶应该是满足优质原料+正确的制作工艺+科学的存储，三者缺一不可。

观念篇

。陷阱。

1. 野生茶=好茶；

2. 山野气强的茶就是好茶。

真相

1. 野生茶不等于好茶，有些甚至有微毒；

2. 谈论一款茶的好坏与否，要充分考虑地域、品种、工艺、仓储等综合因素；

3. 品鉴普洱茶，有专业的审评方法，也有专用术语，主观性词语描述并不能代表其品质。

观念篇

知识 链接
Knowledge Links

观念篇

　　普洱茶是以云南大叶种晒青茶为原料制成的。晒青茶主要来源于台地茶、大树茶以及野生茶。其中，野生茶又可以分为两大类：原始型野生茶和栽培型野生茶。原始型野生茶是指纯野生未经人工筛选和驯化的茶树。栽培型野生茶是指经过人工栽培筛选、驯化后放养的茶树，也就是通常所说的大茶树。

　　如果是由栽培型野生茶，即大树茶制成的"野生"普洱茶。因茶树本身年份较久，养分充足，不仅茶品综合表现较为突出，对人体健康也非常有益。如果是由原始型野生茶制成的"野生"普洱茶，因未经人工驯化，茶青苦而不化、麻嘴、锁喉，有的甚至有微毒……拉肚子事小，住院可就事大了啊。再次强调，真正优质的普洱茶应该是满足优质原料+正确的制作工艺+科学的存储，三者缺一不可。

山头茶就是好茶？

忽悠指数：★★★★

专注山头茶

我是听朋友说的，慕名而来。

我们家是老ＸＸ村，先开泡给你喝喝。

专注山头茶

观念篇

。陷阱。

1. 山头茶就是好茶；

2. 普通茶叶假冒名山头茶。

观念篇

真相

1. 山头茶未必就是好茶；

2. 只谈山头，不说品种、工艺和仓储等综合因素，多是"耍流氓"；

3. 用专业的审评方法客观看待茶叶的品质。

"363普洱茶审评法"帮助你科学地审评普洱茶

知识 链接

Knowledge Links

　　近年来，喝普洱茶流行讲山头，尤其是一些知名的茶山，如冰岛、班章等制出的茶品，吸引了一众茶友追捧。名山茶自然有其优势，但追求优质的普洱茶品质，不能只讲地域不求品种。全国名优茶的命名方式，均满足"地域+品种"的"公式"，例如西湖龙井、武夷山大红袍、牛栏坑肉桂……而普洱茶，因为长久的混乱局面，造成了大众意识里只认山头，不重品种的现状。

　　普洱茶的名山之所以有名，是因为其拥有优越的地理环境，阳光、雨水、土壤等共同作用，为茶树提供了良好的生长条件，但每一座山头，都有最适宜生长的优良茶树品种：老班章，对应的优质品种是勐海大叶羽毛茶；冰岛的代表性品种则是勐库大叶原生种……以"特定地域+优良品种"的模式制成的茶叶，其品质是有保障的，其他品种的茶树，就算长在名山头，品质也有待考量。并且优质的普洱茶，首先强调优质品种，其次才是区域。

　　所以，在选购普洱茶的时候，要注意规避商家名山茶的噱头。优质普洱茶，地域和品种，缺一不可，唯有先满足这个先决条件，才有可能在之后的制作环节，生产出优质的普洱茶。

工艺篇

>>>

　　普洱茶的加工工艺是影响普洱茶品质的因素之一，在国标（GB/T22111－2008）中规定普洱茶的加工工艺流程为：鲜叶摊放→杀青→揉捻→解块→日光干燥→包装。但近年来不法商家却在利益的驱使下，导致普洱茶的加工工艺基本上处于混乱中，用非普洱茶工艺制作普洱茶的比比皆是，让普洱茶在新茶时期就具有花香、蜜香，殊不知这些都是牺牲普洱茶"越陈越浓越香"的核心价值换来的。"工艺篇"带您正确认识普洱茶工艺，助您科学、客观地选购普洱茶。

什么是前发酵？

忽悠指数：★★★

工
艺
篇

·陷阱·

1. 茶汤"甜"，适口性高；

2. 茶汤香气高扬，常见的有花香、果香、蜜香等；

3. 生茶在新茶时期就很好喝，越陈放香气越浓郁。

工艺篇

真相

1. 新茶时期茶汤适口性高的茶，要警惕是否做过前发酵；

2. 萎凋、渥红、渥黄、低温长炒、轻揉捻等工艺的加入均会导致普洱茶前发酵；

3. 做过前发酵的普洱茶无法越陈越浓越香；

4. 新茶时期很好喝的茶，是牺牲普洱茶越陈越浓越香的核心价值换来的。

工艺篇

知识链接
Knowledge Links

　　前发酵，指的是普洱毛茶在干燥制成前发生了内源性酶促氧化反应，普洱茶的红变、褐变就是这种反应的后果。低温长炒、萎凋、渥黄、渥红等工艺都会导致前发酵的产生，不利于普洱茶的后期醇化。

　　普洱茶越陈越浓越香的价值体现在优质的原料和正确的工艺之上，所以除了满足原料的高品质，工艺上也要杜绝一切不该有的缺陷，尤其是萎凋引起的前发酵。普洱茶一旦出现前发酵，将会导致最终的滋味淡薄以及茶水融合度差，等等，若以上都不能达到要求，那就完全丧失品饮的价值。带有花香、果香的新茶，多是加入了低温长炒、萎凋等工艺的结果，新茶适口性好，但并不利于后期醇化。

　　我们都知道，传统晒青毛茶的制作流程包括：鲜叶采摘—摊晾—杀青—揉捻—日光干燥，但除了这几项工艺以外，现在出现频率较高的还有：萎凋、低温长炒、渥黄、渥红、摇青，等等。这些原本属于其他茶类的加工工艺，不断被引入普洱茶的制作过程中，有的商家甚至美其名曰"创新工艺"。为什么会有这么多的普洱茶偏离了传统的制作工艺？经验丰富一些的茶友可能已经有所察觉，加入新工艺的普洱茶，在新茶时候就香气显扬，有明显的花香、蜜香、焦糖香……除此以外茶汤的适口性也要更好，苦涩度降低，入口回甜，等等。

工艺篇

常规的逻辑是，"新茶时期就有这么好的表现，存储以后的综合表现肯定会更好"，但对于普洱茶来说却不是这样。普洱茶越陈越浓越香的秘密在于其内含物质，只有保证在后期存储过程中有足够量的内含物质基础，普洱茶才有越陈越浓越香的可能。

但是上文提到的各项工艺，只要是在制作过程中使用了其中一项，均会导致普洱茶前发酵，使内含物质提前释放或是发生反应，对应了新茶时期的好喝，但同时也扼杀了普洱茶的越陈越浓越香。这就是为什么普洱茶的制作要遵循传统工艺的原因所在。

普洱茶的发展至今延续了一个多世纪的时间，越陈越浓越香的核心价值也是一代代茶人在反复探索的过程中才最终确定下来的。不管是生茶，或者是熟茶，只有基于传统正确工艺制作的普洱茶，如此才具有存放价值，才能在漫长的存储过程中越变越好，越陈越香。

工艺篇

工艺篇

◦陷阱◦

1. 普洱茶的霉味是渥堆味，以忽悠消费者；

2. 没有渥堆味的熟茶不是好熟茶；

3. 渥堆味是熟茶特有的气息，是去不掉的。

工艺篇

臭味?

霉味?

渥堆味?

馊味?

真相

工
艺
篇

1. 渥堆味是熟茶渥堆发酵过程中产生的特有气息，霉味是茶叶发霉后的不良气息，有霉味的茶叶基本认定为劣质产品；

2. 高超的制茶技术+科学的仓储环境，渥堆味能退散；

3. 渥堆味属于熟茶的不良气息，优质的普洱茶在品饮时不应出现渥堆味。

渥堆味属于
熟茶的不良气息

知识 链接
Knowledge Links

普洱茶分生茶和熟茶。熟茶的制作工艺中，比生茶多了一道"渥堆发酵"的工序，目的是为了加快茶叶的陈化速度，增加茶汤适口性，所以新出堆的熟茶就具备品饮价值。渥堆味，就是这道工序产生的特有气息。但是市场上对渥堆味有很多误解，有说霉味是渥堆味的，有说馊味是渥堆味的，有说没有渥堆味就不是好熟茶的……

对于普洱茶来说，烟、霉、酸、馊、臭等气息都是不良气息，而渥堆味也是熟茶当中的不良气息之一，它的存在是会影响品饮感受的，说它是熟茶香味的，作为个人喜好不予评价，但误导别人就不太好了。那有没有什么办法，可以使渥堆气息降至最低呢？

生产制作环节，运用正确成熟的渥堆发酵工艺，可以减轻渥堆味的产生，后续正确的仓储陈化，也能够减轻、甚至完全褪去熟茶的渥堆气息。所以，想要一款没有渥堆味的熟茶，其实也不是那么难的事情，前提是要选择高品质的熟茶并做好仓储。

工艺篇

知/识 链接
Knowledge Links

　　勐海味是指产自勐海的普洱茶品所具有的某种特定的韵味，现在"勐海味"既是形容好茶时必定会出现的词语，更是代表了诸多经典普洱茶品，意味着不可复制。近年来，市面上很难找到具有真正"勐海味"的好普洱茶，一方面是因为气候环境的改变，更重要的原因还是在于原料选用不严谨、传统工艺的流失，以及正道制茶理念的缺位。

工艺篇

工艺篇

忽悠指数：★★★★

◦陷阱◦

1. 古树纯料;

2. 大树纯料;

3. 单株纯料;

4. 某某山头纯料;

5. 拼配茶是以次充好。

工
艺
篇

真相

1. 拼配茶能够降低成本；

2. 拼配茶可以提升品质；

3. 拼配茶能保证产品延续性。

工艺篇

　　所谓茶叶拼配，是指通过评茶师的感官经验和拼配技术把具有一定的共性而形质不一的产品，择其所短，或美其形，或匀其色，或提其香，或浓其味，拼合在一起的作业。拼配是普洱茶的传统工艺，拼配是为了充分利用茶叶原料、提升茶叶整体品质，使不同普洱茶独具特色工艺。通常来说，合理拼配的普洱茶经过陈化后，在品饮过程中，香气、滋味、口感等方面也更富于变化。通过对不同等级毛料的拼配，以达到保证一定茶品品质的前提下，降低茶叶成本，获取较高经济效益。还有一种拼配是无意识、被动的拼配：茶农每天生产的不同种茶叶数量有限，只有将茶叶进行拼配才能达到量产，以扩大货源。这种无意识、被动的拼配，不会对茶的品质提升有任何帮助，只是就地取材而已。不管是用不同品种、不同等级、不同地区、不同季节还是不同特点的毛料进行拼配，都需要遵从外形相像、内质相符的原则，这样才能拼配出高于用以拼配的其中任何一个单一毛料品质的茶品。好的拼配技术一定要掌握三点：一是知道毛茶的原料来源；二是了解毛茶质量情况；三是清楚拼配的比例。

工
艺
篇

我们都知道，普洱茶可以越陈越浓越香，压制后的普洱茶，只有经过存储，才能全面彰显其核心价值。也正因为这一特性，拼配普洱茶在存储时更有优势。仓储过程中，在适宜的温度、湿度等的催化作用下，不同类型的原料，因为内含物质成分的差异，相互发生作用，从而促进了普洱茶进一步转化，最终实现越陈越浓越香，也更具有层次感、形式更丰富。

并且，普洱茶的越陈越浓越香，也因原料、制作、仓储的不同而各有不同。通常来说，合理拼配的普洱茶经过陈化后，在品饮过程中，香气、滋味、口感等方面也更富于变化。从喝入口中，到经过喉部，到最后完整地喝完，每一口茶汤在每个阶段都能给予我们不同的品饮感受，这也是拼配普洱茶最大的魅力所在。

纯料只是一个与拼配相对的普洱茶品制作方式的概念，是制作普洱茶品所用原料种类的一种表明。理论上，所谓纯料是指同一时间在同一棵树上采摘的同一品级的茶青。某种程度来说，拼配才是常态。合理拼配的普洱茶，才更能充分诠释普洱茶的经典魅力。

冲泡篇

>>>

喝茶是一种生活,而泡茶是一项技能。

作为初接触茶行业的人,会有这样的疑问:

为什么我泡的茶没有别人泡的好喝?

泡茶的时候,用什么样的水泡出来更可口?

洗茶是不是必要的?为什么?

选择泡茶的器具有哪些讲究?

投茶量是不是随心所欲?

……

这些问题看似随意,实际上也蕴涵着自己的规律。

冲泡是影响品饮体验的重要因素,冲泡手法的差异将影响茶汤带给品饮者的感受,掌握好这项技能,喝茶的时候是一种锦上添花;哪怕掌握不好,知道原理也没有什么坏处。

◦陷阱◦

1. 泡茶用什么水都行；

2. 只要茶好，怎么泡都无所谓。

冲泡篇

1. 不是什么水都可以用来泡茶；

2. "好茶配好水"具有经验层面的参考价值；

3. 茶汤的好坏，受水的影响很大，要慎重选用水。

冲泡篇

知识链接
Knowledge Links

究竟什么样的水冲泡普洱熟茶时表现最佳？为了解开这个疑惑，我们特别选取了三款市面上常见的饮用水，用它们冲泡同一款熟茶时，会有什么不一样的表现呢？

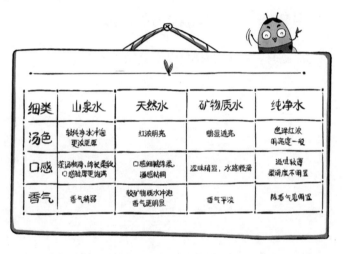

细类	山泉水	天然水	矿物质水	纯净水
汤色	较纯净水冲泡更浓更厚	红浓明亮	略显透亮	色泽红浓明亮度一般
口感	茶汤顺滑、绵长柔软口感醇厚更饱满	口感细腻绵柔汤感粘稠	涩味稍显，水路略滑	涩味较薄柔滑度不明显
香气	香气馥郁	较矿物质水冲泡香气更明显	香气平淡	陈香气息明显

冲泡实验表明（此次实验仅针对水中是否含有矿物质、含天然矿物质与含添加类矿物质、矿物质含量多少对熟茶冲泡的影响），使用矿泉水且矿物质含量更高的水冲泡普洱熟茶时，综合表现最佳。

冲泡篇

忽悠指数：★★★★

冲泡篇

83

·陷阱·

1. 洗茶能洗掉农残；

2. 洗茶是为了洗掉灰尘；

3. 洗茶是一种习惯；

4. 普洱茶脏，要洗两道；

5. 洗茶、润茶、醒茶是不一样的。

冲
泡
篇

真相

1. 洗茶、润茶、醒茶目的都是一样的，在一定程度上来说，都是一个意思；

2. 洗茶主要把茶调整到适宜冲泡的状态；

3. 洗茶不能洗掉农残。

冲泡篇

知识链接
Knowledge Links

冲泡篇

　　除了一些讲究喝"新"的茶之外，绝大多数茶在正式开始品鉴前，通常都需要醒茶。尤其是普洱茶，紧压的形态加之多年存储，醒茶就更是尤为必要。很多茶友可能会认为，只有在开始品茶前的那一次"过水"，才可以称之为醒茶。其实这已经是最后的醒茶步骤了，想要更好地品鉴普洱茶，在此之前，还有一些环节也值得注意。

　　我们都知道，普洱茶要实现越陈越浓越香的核心价值，数年时间的存储是必要条件。为了便于运输和后期的存储，普洱茶基本都是以饼、砖、沱等紧压茶的形式出现。而普洱茶的存储环境相对密闭，干燥、清洁、避光、避风这些都是基本要求，紧压形态，并且长时间在这样的空间内存放转化，如果在冲泡前才临时从仓库取出茶饼，这样是没有办法立即完全呈现出普洱茶的品饮价值的。所以，在决定开仓品鉴后，应提前一段时间将茶饼从仓库中转移出来，将茶饼由存储状态调整为即将冲泡的状态。

除此以外，有的茶友会提前将整饼或部分饼茶解散，放于存茶罐保存。虽然看似是为了更方便后续冲泡，但其实解散茶饼也是醒茶的一种形式。由紧压形态到块状普洱茶，本来紧压在茶饼内部的茶叶也有了与外界接触的空间，同样也有利于加快醒茶。

最后就是正式开始冲泡前的"过水"，这个过程也叫"洗茶""润茶"，要求是快进快出。"洗茶"，并非是字面意思，而是为了将茶品由干茶状态，调整为适宜冲泡的状态。经过"洗茶"，茶叶充分"苏醒"，倒出的水可以用来温杯，让茶叶、茶杯、品饮者都提前进入状态。所以，醒茶并不是为了追求仪式感，而是冲泡和品饮普洱茶前必要的准备工作。

冲泡篇

冲泡篇

·陷阱·

1. 普洱茶只能用紫砂壶泡;

2. 紫砂壶泡普洱茶更好喝;

3. 紫砂壶泡出来的茶才能体现茶香。

冲泡篇

真相

冲
泡
篇

1. 冲泡器具的选择会影响茶品的品质表现；

2. 紫砂的材质特性会掩盖茶的缺陷；

3. 一款紫砂茶器只能冲泡一种茶，大大提高了喝茶成本；

4. 瓷质盖碗不易吸味，洗干净后可重复冲泡不同的茶；

5. 如果要检验一款茶的优劣，用瓷质盖碗冲泡的茶品更具客观性。

在冲泡普洱茶时，紫砂壶和盖碗是比较常见的两种茶具。两者的区别，主要在于材质、外形、容量大小等方面，也因为这些不同，造就了冲泡手法和品饮普洱茶感受的不同。

从品饮的角度来说，盖碗和紫砂壶泡出来的普洱茶各有特点。盖碗泡茶，能更全面地呈现出茶品的特点，不止好的方面，也包括不好的方面。而紫砂壶冲泡，则能提升整体的品饮感受，将茶品好的方面展现地更淋漓尽致，相应地就弱化了产品的缺点。

但从冲泡的角度来说，盖碗比紫砂壶更容易上手和掌握。盖碗通常都是标准器形、标准容量，只要知道了容量大小，相应地去调整投茶量和注水量即可。

虽然紫砂壶冲泡能够整体提升茶品的综合表现，但这是在对紫砂壶的特性有充分的了解，并经过了无数次冲泡练习的基础上才可以实现。再者，因为紫砂壶一茶一壶、容量不定等特性，也加大了冲泡的成本和难度。

冲泡篇

冲泡篇

◦陷阱◦

1. 只要耐泡就是好茶；

2. 能泡十多泡就是耐泡。

冲泡篇

真相

1. 耐泡度是衡量好茶的标准之一；

2. 茶品耐泡与否与原料等级、冲泡时间、注水量多少、出汤时间长短等因素都有关系，不能单一用冲泡次数代表耐泡程度；

3. 优质普洱茶=优质原料+正确工艺+科学仓储。

冲
泡
篇

普洱茶的整体品质与原料有着不可分割的关系，包括耐泡度。普洱茶由云南大叶种晒青毛茶制成，由于茶树品种的自身特性和生长环境等因素，云南大叶种的内含物质非常丰富，因此普洱茶滋味醇厚、营养价值相对更高，耐泡度也更高。

制作普洱茶有一套传统的工艺，不正确的工艺可能会导致前发酵，内含物质受损或提前释放，无法越陈越浓越香，品饮价值大打折扣的同时，耐泡度也大大降低。并且，一款茶的耐泡度还和饮茶者个人的喜好、冲泡习惯，茶水比的选择、出汤时间的长短等有关系。

但是必须声明的是，一款茶的品质如何，不能单凭"耐泡度"就来评判。从品饮的角度来说，一款好的茶汤，应该陈香显、汤色纯、滋味厚、口感顺、干净无异杂。从审评的角度来说，除了香气、滋味、口感，还要关注茶品的外观、叶底，再加上耐泡度。普洱茶的核心价值是越陈越浓越香，陈放时间的长短是影响茶品表现的重要因素之一。但是随着时间流逝，普洱茶内含物质发生转化的同时，其含量也会有所下降，所以一款茶香气、滋味等表现最优的时候，耐泡度不一定最好。

冲泡篇

冲泡篇

◦陷阱◦

1. 无论什么茶都投7克；

2. 无论多大的容器都投7克；

3. 不称重，凭感觉、经验投茶。

冲泡篇

真相

冲泡篇

　　投茶量决定茶汤浓淡，但要注意比例，茶水比在1∶10到1∶11之间比较合理。例如：110毫升有效容积的盖碗，投7克的茶，倒出的茶汤应该在70~77克之间。

知识链接
Knowledge Links

投茶量事关品饮感受。冲泡普洱茶时，为什么通常采用7克的投茶量？为什么要投7克茶，而不是6克或者8克的呢？

"363普洱茶审评法"也告诉我们泡茶时要投7克茶，但同时还有一个条件就是要使用有效容器110毫升的盖碗。这样，我们就可以得到一个茶水比——110:7≈16:1。那么推算下来，当你使用有效容积100毫升左右的有效容量时，你的投茶量应该是6克；当你使用130毫升的容器时，投茶量应该是8克。这只是投茶量与容积的比。

当冲泡的时候，注水量与茶叶也有一个比例，这个比例大约在10:1与11:1之间。如果投7克茶叶，那么每次倒出的茶汤应该在70~77克之间。

这个比例可以使茶叶的溶出更稳定，不会因为投茶量过少导致前几泡注水过多，以至于茶汤滋味淡泊或者茶汤量少，也不会因为投茶量过多而在后几泡因为茶叶膨胀而丧失注水空间。

值得注意的是，如果想要得到每一泡的出汤量在70~77克，注水时要考虑到茶叶的吸水量而多注少许。知其然知其所以然，茶叶的冲泡不仅是一个需要练习的技能，也是一个需要思考的技能。

冲泡篇

不苦不涩不是茶？

冲泡篇

忽悠指数：★★★★

∘陷阱∘

1. 不苦不涩不是茶；

2. 茶叶含有茶多酚，所以苦；

3. 茶有点苦涩味是正常的。

冲
泡
篇

黄连素

苦丁茶

苦瓜

真相

1. 客观看待苦涩，普洱茶有苦涩味是因为茶叶内含物质本身就具涩感，但是正常的苦涩味应该是在口腔中快速化开和褪去的；

2. 如果是常见停留不化的苦涩，应该从品种、冲泡方式、工艺、存储等方面找原因，所以"不苦不涩不是普洱茶"表述过于片面和绝对。

"不苦不涩不是茶"

知识链接
Knowledge Links

　　有一定经验的茶友都知道，普洱茶的内含物质比其他茶类更丰富，在品饮普洱茶的过程中，有苦涩味也通常被认为是滋味浓强的表现，但如果因此就认定"有苦涩味的普洱茶，才是好普洱茶"，这种说法是对的吗？

　　首先我们需要弄清楚的问题是：普洱茶为什么会有苦涩味？

　　原料。多酚类、儿茶素、咖啡碱等茶叶内含物质本身就具有涩感，无论哪一类茶或多或少都会有涩感，原因也在于此。

　　工艺。在制茶工艺正确的基础上不断改进，有效控制温湿度等可变因素，也能大大降低普洱茶的涩感。

　　除此之外冲泡方式、水温高低、出汤时间长短等都会对普洱茶汤苦涩味的强弱有影响。那么普洱茶什么类型的苦涩味才算是正常的？

冲泡篇

如果苦涩味能在口腔中快速化开和褪去而且能生津回甘，这就属于正常表现。而长时间停留不化的苦涩，如果冲泡方式是正确的那就需要从工艺、存储等方面找原因。

很显然，苦和涩都会带来不愉快的品饮感受，不苦不涩不是普洱茶，这种表述过于片面和绝对。虽然苦涩味无法避免，但它们并不是优质普洱茶的评定标准。相反，苦涩味明显则会让普洱茶的品饮价值大打折扣。

冲泡篇

品饮篇

>>>

　　品饮茶汤，先有"饮"才能"品"，而在饮到茶汤之前，还有对干茶、茶汤的观察，有对香气的判断；喝到口中，有对茶汤的感受；饮下之后，还有身体的反应，等等。喝茶，是一种连锁"反映"。

　　喝茶有没有讲究呢？怎么喝茶才算好呢？喝了茶后身体的反应和茶有没有关系？喝茶的时候最容易被人怎样忽悠……"防忽悠"之品饮篇，带您好好"喝茶"。

◦陷阱◦

1. "茶无好坏，适口为珍"；

2. 自己觉得好的茶，就是好茶；

3. 主观觉得舒服的茶，就是好茶。

品
饮
篇

1. 好喝的茶与好茶是两个概念，好茶是有标准的；

2. "好喝"太过于主观，每个人的体质不同，对茶品的感受会有差异；

3. 一款茶是否优质，应该从这款茶的外观、香气、滋味、口感、叶底等方面综合进行感官判断；

4. 好茶是有标准的，满足优质原料、正确工艺、科学仓储的条件制作出来的普洱茶才能称之为好茶。

品饮篇

感官审评是评价普洱茶品质最直观有效的方式。既然是喝茶，那么普洱茶在滋味方面的表现自然最受关注。除此以外，视觉方面的饼面油润度、条索清晰度、茶汤颜色、叶底含芽率等，嗅觉方面是否有异杂气息、陈香是否显著，以及触觉方面的口感顺滑度、茶汤包裹度等都是需要我们去一一作出评价的。

但是，除了部分茶友会提到感官审评以外，在评价普洱茶品质的好坏时，"茶气""体感""山野气息""阳光的味道"等具有强烈主观性的用语出现的频率也很高。

归根结底，好品质的普洱茶，离不开优质原料和正确成熟的工艺，如果后期存储时确保仓储环境适宜陈化，普洱新茶经过存储转化后，品饮价值也将逐步得到提升，"越陈越浓越香"才有实现的基础和依据。

所以，古树（大树）、纯料、年份、体感等都不是评价普洱茶品质的标准，只有在科学检测的基础上，通过感官审评，对普洱茶的原料、工艺和存储做出客观评价，符合"好的"标准的普洱茶，才算是好普洱茶。

品
饮
篇

无味之味是最高境界？

忽悠指数：★★★★★

品饮篇

① 这是本店珍藏的古董茶。 咦，怎么像白开水啊？

② 这是"无味之味"，是喝茶的至高境界！

③ 真是这样吗？

④ 年轻人，你还需要多喝点儿茶……

◦陷阱◦

1. 喝茶的最高境界是无味之味；

2. 无味之味才是好茶；

3. 无味之味的境界，一般人无法领会。

品饮篇

真相

1. 喝茶喝的是茶的水浸出物，如果一款茶寡淡无味只能说明这款茶已没有多少内含物质；

2. 无味之味通常是某些不良商家为了掩盖茶品缺点的一种说法。

品
饮
篇

　　爱喝茶的原因各种各样，但是无论什么理由，最终入口的是茶的水浸出物，而非别人告诉你的故事。

　　如果喝普洱茶也有境界的话，并非"无味之味"而是一个循序渐进的过程。一开始追求的是香气。当然，不该出现的工艺香和异杂气息，比如"焦糖香""霉香"等除外。普洱茶具有的香气，通常包括品种香、地域香和时间香。

　　然后追求的是滋味。滋味浓强、无异杂味、回甘迅速持久等是好茶的标配，只有茶香没有茶味，那还叫喝茶吗？

　　最后上升到触感层次。生津无涩感，不刺舌不锁喉，汤感粘稠，才可称之为口感上佳。毕竟我们喝普洱茶喝的是茶汤，不是茶水。当然，任何上升到触感层次的，都可以归类为高档品，普洱茶也不例外。

　　总之，如果要把普洱茶喝明白，香气、滋味和口感缺一不可，此外还要关注茶饼外观和叶底活性。所以大家在品茶或是评茶时，不能局限于其中一项，只有"顾全大局"，关注综合表现，才能做到对普洱茶的品质心中有数。

品饮篇

品
饮
篇

◦陷阱◦

1. 把"霉香"当作"陈香";

2. "霉香"是普洱茶独有的香气。

品
饮
篇

1. "霉香"不是普洱茶的正常香气类型；

2. "霉味"是仓储环境不合格导致茶产生的不良气味。

品
饮
篇

香气是普洱茶品饮中无法忽视的价值，也是人们嗅觉中的一种美好感受。

如果用"气息"这个词来解释普洱茶的嗅觉感受，那么我们通常把气息分为三种：品种气息、工艺气息、环境气息。对应"香气"就是：品种香、工艺香、环境香。

品种香指的是品种本身特有的香气，非加工产生的独特香气。由不同的品种本身提供的，有类似的，也有不同的。例如勐海地域的普洱茶与易武地区的普洱茶有比较明显的区别。

工艺香指的是由加工工艺所赋予的独特香气，由不同的加工工艺赋予茶叶，所散发的气息都有明显的工艺特征。例如绿茶的火香和红茶的发酵香也有明显区别。

而环境香通常是由于存储不当或人为制造的，例如地湿气或烟火香气。

普洱茶由于仓储不当导致其发霉，就会产生霉味，大家应该都能感受。普洱茶一旦发霉，是不能饮用的，应立即丢弃。有些店家所谓的"霉香"，只是一种商业手段，目的是为了向你销售劣质变质的产品。

品
饮
篇

除去以上的三种，普洱茶还有一种重要的香气，这种香气体现了普洱茶的核心价值：越陈越香。越陈越香，字面意思就是存储时间越久的普洱茶，品种特征的香气越显著。

普洱生茶在原料优质、工艺正确、仓储得当的前提下，经过存储可以得到越陈越浓越香的普洱茶，而熟茶经过渥堆发酵，其香气、汤色、口感等方面的表现都非常接近老生茶，并且与生茶不同，熟茶在新茶时期就具有品饮价值。熟茶的渥堆发酵，就是塑造陈香的重要环节。

陈香就是陈香，是熟茶特有的也是最重要的一种香气类型，"霉香"则是无中生有的概念，二者不可苟同。

忽悠指数：★★★

品饮篇

121

◦ 陷阱 ◦

1. 茶气足就是好茶;

2. 体感强烈的茶就是好茶;

3. 能通气的就是好茶。

品
饮
篇

真相

1. 所谓"放屁"，更多的是一种生理现象；

2. 个体对"茶气"的反应差异较大，不可一概而论；

3. 评判一款茶的好坏与个人的身体反应无关，因为每个人的身体反应存在差异，所以并不能证实茶的好坏，一款茶的好坏应该客观地从这款茶的外观、汤色、香气、滋味、口感等方面综合做评判，综合表现好的，才是好茶。

品饮篇

评判一款茶的好坏与人的身体反应没有直接关系……

品
饮
篇

忽悠指数：★★★

◦陷阱◦

1. 透亮的茶干净、不浑浊，所以是好茶；

2. 透亮才是形容茶汤颜色最好的词语；

3. 茶汤透亮比明亮好。

品
饮
篇

真相

1. 明亮才是正解;

2. 只有内含物质少的茶汤才会产生"通透"的效果,即"透亮";

3. 国标中对熟茶的汤色特征描述均为"明亮",没有"透亮"
   这一描述。

知识链接
Knowledge Links

　　有人说：茶汤透亮是好茶，是因为茶汤无杂质，不浑浊，也就是一般人所理解的干净，但细想一下为何干净就是透亮？事实上只有内含物质少的茶汤，光线通过茶汤，才会产生"通透"的效果。

　　《国家标准GB/T 22111—2008 地理标志产品 普洱茶》中，对熟茶的汤色特征描述分别是：

品
饮
篇

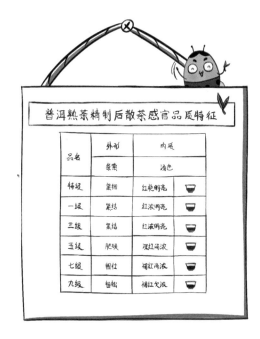

普洱熟茶精制后散茶感官品质特征

品名	外形	内质	
	条索	汤色	
特级	紧细	红艳明亮	
一级	紧结	红浓明亮	
三级	紧结	红浓明亮	
五级	肥硕	深红尚浓	
七级	粗壮	褐红尚浓	
九级	粗松	褐红欠浓	

国家标准中熟茶的汤色均为"明亮"，而没有"透亮"这一描述。

一般来说，好的茶茶汤内含物质丰富，有油质感，光线反射后，茶汤发光发亮，茶汤就会显得明亮，所以，衡量好茶的汤色应是明亮而不是透亮，而在一切以商业利益为前提的茶界，好普洱茶汤色的标准"明亮"这一词却被偷偷替换成了"透亮"。

功效篇

>>>

　　普洱茶可以包治百病吗？喝茶腹泻就相当于减肥吗？本篇选取这两个常见问题，目的在于让消费者正确看待普洱茶的功效。

·陷阱·

1. 普洱茶包治百病;

2. 喝茶可以取代药物。

功
效
篇

真相

1. 普洱茶不是药物，不能包治百病；

2. 普洱茶虽然有很多保健功效，但是不能取代药物，请客观看待普洱茶的功效；

3. 普洱茶是一种健康的饮品，养成良好的喝茶习惯，有助于身体健康。

功效篇

知识 链接
Knowledge Links

相关研究（详见《普洱茶保健功效科学读本》）表明：普洱茶具有降血脂、降血糖、减肥、抗氧化、防辐射等功效，并且普洱茶对于以上功效的作用原理为辅助保健以及预防，并非干预性治疗。需要明确的是，普洱茶并不是具有治靶向的药物，更不是包治百病的神药，不可代替药物治疗。所以，无论是商家还是买家，都应该客观对待普洱茶功效，不要一味地夸大功效，造成人们的误解。

功效篇

功效篇

。陷阱。

1. 普洱茶是减肥茶;

2. 喝茶拉肚子可以减肥;

3. 喝茶一定可以减肥。

功
效
篇

真相

1. 喝茶腹泻≠减肥；

2. 减肥只是普洱茶的保健功效之一；

3. 引起腹泻的原因很多，和个人的体质、吸收等都有关系，并不能说明这就是减肥；

4. 客观看待喝茶减肥的功效，减肥还和个人的生活习惯、饮食习惯、运动量有关，不能单一而论。

功效篇

首先，普洱茶虽具有一定的减肥功效，但并非立竿见影，不适宜立马就想要看见效果的人群饮用。养成长期喝茶的习惯，是健康的生活方式之一。

其次，普洱茶的减肥功效不是通过腹泻来实现。导致腹泻的原因有很多，不能单一而论。如果买到了卫生不达标、发霉等的劣质茶也会导致腹泻。

最后，普洱茶虽是公认的健康饮品，但人体是复杂体，减肥功效因人而异，个人体质不同，减肥效果千差万别。

功效篇

功效篇

知识 链接
Knowledge Links

普洱茶中富含丰富的营养成分和药效成分，主要包含三类，即人类生命新陈代谢所必需的三种物质（蛋白质、碳水化合物、脂类），维生素和酶，矿物质。普洱茶的保健功效与茶叶所含的化学成分密切相关，其对人体的保健作用，或是单一成分起作用的结果，或是多种成分协同、综合作用的结果。云南农业大学邵宛芳教授带领的团队研究表明，普洱茶具有独特的品质风味，并具有特殊的保健功效。这些功效包括减肥、降血脂、降血糖、防辐射、预防脂肪肝、抗氧化、抗疲劳、抗衰老、抗动脉粥样硬化等。（邵宛芳主编：《普洱茶保健功效科学读本》，云南科技出版社，2014年版）

功效篇

存茶篇

>>>

　　普洱茶的核心价值是越陈越浓越香，优质原料+正确工艺+科学仓储=优质普洱茶。可见，如何存茶是普洱茶领域常见且十分重要的问题。本篇涉及三个方面的问题：即生茶存久是否会变成熟茶；存茶是否就能升值；如何存茶，才能越陈越香？

忽悠指数：★★★

存茶篇

∘陷阱∘

1. 生茶放久了会变成熟茶；

2. 熟茶就是老生茶。

存
茶
篇

生茶　　　　熟茶

真相

1. 生茶不会变成熟茶；

2. 熟茶和生茶最大的区别就是，熟茶经过渥堆发酵这一工艺，而生茶是自然陈化；

3. 生茶放久了只会变成老生茶。

存茶篇

知识链接
Knowledge Links

想要分辨生茶和熟茶并不难，只要把两者进行比较就能发现，新茶时期的生茶和熟茶，在外形、香气、汤色、滋味和口感等方面都有明显的不同。生茶饼面呈墨绿色，熟茶呈红褐色；熟茶汤色红浓明亮，生茶是黄绿色；口感方面熟茶更醇厚，生茶偏清冽。

老生茶和熟茶，相似之处则更多。汤色、口感等综合表现，熟茶都与老生茶非常接近，尤其是熟茶诞生的目的，就是为了让大家能尽早喝到普洱茶，无需数十年陈放，也可以做到越陈越浓越香。但这也并不意味着"存放后的生茶就是熟茶"。

因为两者最大的区别在于是否有渥堆发酵这一工艺，渥堆发酵，决定了熟茶与生茶有本质的不同。渥堆发酵与数十年陈放，两者对普洱茶的内含物质进一步转化所产生的作用机制是完全不一样的。

生茶经过陈放后，会变成老生茶。至于是否是越陈越浓越香的老生茶，则需要满足三个条件：优质的原料、正确的工艺、科学的仓储，三者缺一不可。

存茶就能升值?

忽悠指数：★★★★★

◦ 陷阱 ◦

1. 收藏普洱茶就可以升值；

2. 只要是普洱茶就可以升值。

真相

1. 不是所有的普洱茶都有存放价值、都可以升值；

2. 具有收藏价值的普洱茶应该满足三个条件：优质原料、正确
工艺制作、科学安全的仓储环境，三者缺一不可。

存
茶
篇

知识 链接
Knowledge Links

存茶篇

普洱茶的收藏价值，源于其越陈越浓越香的核心价值。普洱茶由云南大叶种晒青茶为原料制成的，普洱茶的内含物质比其他茶类丰富，加之普洱茶的特定加工工艺，对其后期陈化及内含物质的变化有着至关重要的作用，而且普洱茶在后期的存储陈化过程中，会不断产生更多有益于人体健康的微生物菌类，同时经由醇化作用，其香气、滋味、口感均会产生转化。所以，在适宜的条件下能够长期保存。

但是，不是所有的普洱茶都具有收藏价值。想要一饼普洱茶具有越陈越浓越香的核心价值，必须同时具备三个条件：优质的原料、正确的工艺、科学的仓储。

年份只是影响普洱茶品饮价值的因素之一。只有确保原料优质、普洱茶加工工艺正确，以及后期存储环境符合标准，在此基础上，经过存放变为陈年普洱茶后，才能有品质的提升，有较好的品饮价值。

对于热衷收藏普洱茶的茶友来说，在真正开始收藏之前，除了具备一些喝茶的经验，同时还应该系统地学习普洱茶，学会去辨别普洱茶是否具有存储价值。

毫无疑问，优质的陈年普洱茶，会让我们领略到普洱茶的经典魅力。但是，并非所有的陈年普洱茶都是好茶。普洱茶的核心价值是越陈越浓越香，但只有很少的普洱茶经过存储后可以做到越陈越浓、越陈越香，存茶既可以带来升值，也有可能带来损失，茶友们应该理性投资、理性收藏。

存茶篇

存茶篇

○陷阱○

1. 无论什么仓储环境都可以越陈越香；

2. 只要存放年限长都可以越陈越香；

3. 只要是普洱茶都可以越陈越香。

存
茶
篇

存茶篇

1. 在何地仓储与品质无必然关系；

2. 不是所有的普洱茶都有越陈越浓越香的特质；

3. 特定地域+特定品种+适宜工艺+仓储，才能够越陈越浓越香；

4. 普洱茶的存储环境应该为清洁、无异味、控制温湿度、避光等。

普洱茶虽有越陈越浓越香的核心价值，但并不代表普洱存储时间越久，就越好喝。因为凡是食品类的东西，都有一个最佳的食用点，普洱茶也不例外。在一定时间内，普洱茶的品饮价值会随着存储时间的加长而不断上升，当到达最高点后如果再继续存储，品质就会慢慢下降。

而每一款普洱茶，"保质期"都不一样。为了确保能喝到品饮价值较好的普洱茶，在存储的过程中，需要定期（每年、半年或者更久）开仓品鉴一次，以此来判断普洱茶的转化趋势。如果品质处于上升阶段，则可以选择继续存放；如果品质已到达顶峰，则最好立即品饮。

存茶篇

　　普洱茶存储环境的要求则是清洁、无异味、控制温湿度、避光等。存储环境的微小差异，都有可能导致普洱茶陈化结果的不同。并且在一定程度上来说，以个人为单位的存茶，很难实现普洱茶"越陈越浓越香"的核心价值。因为存储既需要投入巨大的时间成本，又需要在存储过程中进行各种监控。只有严格遵循存储标准，普洱茶的陈化结果才有可能是喜闻乐见的。

存
茶
篇

话术篇

>>>

在销售行为中,话术的重要性不言而喻。但话术中,往往也隐藏了一些陷阱。本篇选取三个相关话题进行了探讨。

◦ 陷阱 ◦

1. 熟茶的发酵度能精确到百分比;

2. 熟茶谁都可以做;

3. 熟茶的发酵很简单。

话
术
篇

1. 熟茶发酵只有三种情况：刚刚好，不够，过头；

2. 熟茶有技术门槛，不是谁想做就能做的。

话
术
篇

知识链接
Knowledge Links

从制作到存储，再到品饮，每一个环节，都有很多人在谈论普洱茶的发酵，前发酵、渥堆发酵、后发酵、发酵程度……听了那么多的普洱茶发酵，你真的都懂了吗？

首先，我们需要了解的是：普洱茶的发酵，指的是利用微生物的作用将晒青毛茶加工成普洱熟茶，也就是大家经常谈论的渥堆发酵。

前发酵，指的是晒青毛茶在干燥制成前发生了内源性酶促氧化反应。在普洱茶的加工过程中，是必须要杜绝的。

普洱茶的仓储后发酵，是普洱茶制成后，在湿热、微生物、酶和氧化的共同作用下，使普洱茶的口感得到改善，品质得到提升的一个综合反应过程。生茶、熟茶都存在后发酵。

熟茶的发酵，只有三种结果：不够、刚好、过头。

话术篇

◦陷阱◦

1. 熟茶用料不好；

2. 生茶都是好茶；

3. 生茶比熟茶好。

话
术
篇

真相

1. 要客观看待生茶和熟茶；

2. 好的原料是好熟茶的条件之一；

3. 不是所有的生茶都是好茶。

话
术
篇

　　许多茶友在选购普洱茶的过程中，会遇到这样的问题：到底是生茶好还是熟茶好？

　　从品饮时间来看，熟茶因为多了渥堆发酵的工序，综合表现非常接近老生茶，因此新茶就可以品饮；而生茶在新茶时期往往茶性较寒，苦涩味较强，适口性并不好，只有经过陈放后，品饮价值才能得到更好的提升。所以如果是要立即品饮的话，熟茶是更好的选择。

　　从价格方面来说，无论生茶熟茶，价格都有高有低，口粮茶、礼品茶、进阶版……每个层次的普洱茶，都有不一样的定价。贵的也不一定就更好，根据个人能力，选择喜欢的那款就可以。

　　至于生茶和熟茶的存放价值，并不能一概而论。熟茶在随着渥堆发酵技术越来越成熟，以及熟茶越来越受重视，现在更多的好原料用于制作熟茶，并且早期制作并存放到现在的天价普洱茶中，并不乏老熟茶，显而易见，熟茶也能越陈越浓越香，也有较大的升值空间。

　　其他方面，熟茶更温和，保健功效更显著，适饮人群也更广；如果想要追求比较浓烈的口感，生茶也许更适合……总之，生茶和熟茶各有特点，综合考量自己的喜好和喝茶的目的，选择最适合的那一款普洱茶就好。

什么是口粮茶？

话术篇

知识链接
Knowledge Links

口粮茶，从字面意思来理解，就是常备的、随时都可以品饮的茶品。

无论是哪一类茶，品质都有好有劣。较优、良好、较差，以这样的层次来划分的话，口粮茶应该属于表现良好的茶品范围。那么，一款符合口粮茶标准的普洱茶，应该是什么样的呢？

目前市面上不同价位的普洱茶数不胜数。考虑到经济条件的差异，品饮者对口粮茶的定义也会不同。有人觉得百元以内才算口粮茶；其他人可能觉得几百块、几千块一饼的普洱茶才品质优良；许多茶友觉得已经是珍藏级别的普洱茶，也有可能只是某些资深茶人的口粮茶……

从大众普洱茶友的角度出发，我们觉得一款口粮茶应该具备以下一些特点。

　　首先价格要适中，在可以承受的范围内。虽然每天品饮普洱茶的量不宜过多，但因为是每天都要喝的茶品，日积月累，茶品的消耗量也很惊人；其次普洱茶的品质优良。每个人喜欢的茶品香气、滋味和口感都有不同，但是最基本的口感纯正、干净卫生、无异杂味等条件都是需要保证的，如果要求更高一点的话，至少要能够感受到普洱茶的越陈越浓越香。

　　总结来说，是否具有性价比，才是茶友们在选择口粮茶时最关注的地方。那么，什么样的普洱茶，才符合高性价比的要求呢？

　　普洱茶与其他茶类最大的不同在于，经过存储后，可以越陈越浓越香。正因如此，普洱老茶一直备受追捧，但老茶的价格却让许多茶友望而却步。新茶时期的普洱茶，由于苦涩味重、茶性较烈，整体品饮价值不高；中期茶既初步具备了越陈越浓越香的特点，同时价格比较亲民，是选购口粮茶时不错的选择。

审评篇

>>>

本篇重点介绍"363普洱茶审评法"。

什么是"363普洱茶审评法"?

审评篇

知识 链接
Knowledge Links

审评篇

　　"363普洱茶审评法"是基于"五因子评茶法"的基础上改进的，一套更适合普洱茶的审评方法，分为专业版和普及版。普及版适用于普通茶友日常审评，轻松入门。

　　"363普洱茶审评法"通过30秒、60秒、30秒，共计3次冲泡，对茶品的外观、汤色、香气、滋味、口感、耐泡度、叶底做出评分，完成所有感官审评项目后对比分析得出分值，从而对普洱茶的加工工艺、以往存储、当前品质以及未来走势做出综合判断。

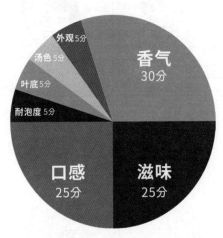

"363普洱茶审评法"审评分项因子占比图

简易器具:

110毫升的盖碗、配套审评杯、品茗杯、电子秤、计时器

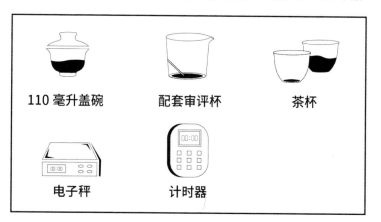

冲泡事项:

1. 茶水比例为1:10（7克茶:70毫升水）；

2. 每次冲泡注水时间为5秒。

审评方法:

1.　闻香气

　　出汤后马上嗅香,每次嗅香时间不要超过3秒。先嗅杯盖香气,拿起杯盖靠近鼻子,嗅水汽蒸发出来的香气。再嗅盖碗中叶底散发的香气。

　　第一泡:分辨香气的高低,是否有异杂气息(有明显烟味、霉味、酸味、馊味、臭味等异杂味视为不及格)。

　　第二泡:分辨香气类型、粗细,并放大不明显的异杂味(确认有烟味、霉味、酸味、馊味、臭味等异杂味视为品质较差)。

　　第三泡:嗅香气和第一泡对比以确定香气的持久程度及耐泡程度,对比第一泡减弱的耐泡度较差,衰减很明显视为不及格;相当的耐泡度较优,超越的耐泡度优良。

审评篇

2. 尝滋味辨口感

嗅香后马上尝滋味，喝入口腔后吸气使茶汤翻滚更有利于分辨，每次茶汤在口中至少停留5秒。

第一泡：分辨滋味的浓淡、醇苦、甘爽、厚薄，是否有回甘，是否黏稠（有异杂的酸、馊、霉、臭味视为不及格）。

第二泡：分辨茶汤的浓强度、顺滑度、融合度，是否生津，刺激性强而不涩是为浓，入口苦、吞咽后苦而挂舌是为涩（滋味分散，苦涩剥离视为不及格）。

第三泡：和第一泡对比可知滋味的持久程度（衰减很明显视为不及格）。

审评篇

363普洱茶审评法普及版 普洱茶（熟茶）百分制评审表

产品名称：　　　　　　年份：　　　　　　生产厂家：

紧压熟茶因子	泡数	分项因子	选择分项因子程度分数				得分
外观 （总分5分）	取观茶察样茶7品克	端正圆滑干净匀整度	好2	中1	差0		
		松紧度	适中1	过紧0	过松0		
		油润度	高2	中1	低0		
汤色 （总分5分）	第一泡30秒	色泽	红艳3	红浓2	深红1	褐红1	
		明亮度	高2	中1	浑浊0	透－1	
香气 （总分30分）		渥堆味	重－15	中－10	轻－5	无2	
		异杂气息	重－15	中－10	轻－5	无0	
		陈香气息	高10	中5	低3	无－10	
		香气基础得分18分（香气项最低分为0分）　小计：+18					
滋味 （总分25分）	第二泡60秒	异杂味	明显－15	较显－10	稍显－5	无0	
		滋味分离	明显－15	较显－10	稍显－5	未分离0	
		回甘强度	强3	中2	弱1	无－7	
		回甘持久度	久3	中2	短1	无0	
		浓强程度	强4	中3	淡2	薄－10	
		滋味基础得分15分（滋味项最低分为0分）　小计：+15					
口感 （总分25分）		黏稠度	高4	中3	低2	无0	
		顺滑度	高3	中2	低1	无0	
		生津	强3	平2	弱1	无0	
		涩感	重－10	中－5	弱－2	无0	
		融合度	好0	差－3	分离－4	走水－5	
		锁喉感	强－5	中－3	弱－2	无0	
		刺舌感	强－5	中－3	弱－2	无0	
		口感基础得分15分（口感项最低分为0分）　小计：+15					
耐泡度（总分5分）	第三泡30秒	和第一泡比较	更浓5	相当0	稍弱－3	弱－5	
叶底 （总分5分）		含芽率	高3	中2	低1		
		活性	高2	中1	低0		
总分		各项基础得分与所选各项的分项因子得分的累计总和					

363普洱茶审评法普及版 普洱茶（生茶）百分制评审表

产品名称：　　　　　　年份：　　　　　　生产厂家：

紧压生茶因子	泡数	分项因子	选择分项因子程度分数				得分
外观（总分5分）	取观茶察样茶7品克	端正圆滑干净匀整度	好2	中1	差0		
		松紧度	适中1	过紧0	过松0		
		油润度	高2	中1	低0		
汤色（总分5分）	第一泡30秒	明亮度	高5	中3	低1	浑浊－1	
香气（总分30分）		工艺气息	重－15	中－10	轻－5	无2	
		异杂气息	重－15	中－10	轻－5	无0	
		品种气息	高10	中5	低3	无－10	
		香气基础得分18分（香气项最低分为0分）　　小计：+18					
滋味（总分25分）	第二泡60秒	异杂味	明显－15	较显－10	稍显－5	无0	
		滋味分离	明显－15	较显－10	稍显－5	未分离0	
		回甘强度	强3	中2	弱1	无－7	
		回甘持久度	久3	中2	短1	无0	
		浓强程度	强4	中3	淡2	薄－10	
		滋味基础得分15分（滋味项最低分为0分）　　小计：+15					
口感（总分25分）		包裹度	高4	中3	低2	无0	
		顺滑度	高3	中2	低1	无0	
		生津	强3	平2	弱1	无0	
		涩感	重－3	中－2	弱－1	无0	
		融合度	好0	差－3	分离－4	走水－5	
		锁喉感	强－5	中－3	弱－2	无0	
		刺舌感	强－5	中－3	弱－2	无0	
		口感基础得分15分（口感项最低分为0分）　　小计：+15					
耐泡度（总分5分）	第三泡30秒	和第一泡比较	更浓5	相当0	稍弱－3	弱－5	
叶底（总分5分）		含芽率	高3	中2	低1		
		活性	高2	中1	低0		
总分		各项基础得分与所选各项的分项因子得分的累计总和					

审
评
篇

扫描下载
363评茶助手APP

扫描观看363教学视频